¿Líquido o sólido?

E. Cárdenas
N. Delgado

MiLO EDUCATIONAL BOOKS & RESOURCES

www.miloeducationalbooks.com

Publicado por:

www.miloeducationalbooks.com
P.O. Box 41353, Houston, Texas 77241-1353
Phone: (888) 640-MILO & (713) 466-6456
Fax: (888) 641-MILO & (713) 896-6456

¿Líquido o sólido? escrito por E. Cárdenas y N. Delgado

ISBN-13:   978-1-933668-82-6   Pasta rústica (paperback)
               978-1-933668-83-3   Paquete de 6 pasta rústica (6-pack paperback)
               978-1-933668-84-0   Pasta rústica tamaño grande (big book paperback)

Library of Congress Control Number: 2006906299

Primera edición

Impreso en China

Visite nuestra página en la Internet en **www.miloeducationalbooks.com** para más información y recursos para estudiantes, maestros y padres.

Créditos gráficos:

Portada y pág. 1: © 2006 Dana Heinemann (izq.) y Michal Herman (der.)/ShutterStock, Inc.; Contraportada: © 2006 Stephen Coburn/ShutterStock, Inc.; Pág. 3: © 2006 Cathleen Clapper/ShutterStock, Inc.; Pág. 4: © 2006 Tina Rencelj/ShutterStock, Inc.; Pág. 5: © 2006 Marcelo Pinheiro/ShutterStock, Inc.; Pág. 6: © 2006 Elke Dennis/ShutterStock, Inc.; Pág. 7: © 2006 Teo Boon Keng Alvin/ShutterStock, Inc.; Pág. 8: © 2006 Elena Elisseeva/ShutterStock, Inc.; Pág. 9: © 2006 Vilmos Varga/ShutterStock, Inc.; Pág. 10: © 2006 Magdalena Kucova/ShutterStock, Inc.; Pág. 11: © 2006 Olga Shelego/ShutterStock, Inc.; Pág. 12: © 2006 Edyta Pawlowska/ShutterStock, Inc.; Pág. 13: © 2006 Lana Langlois/ShutterStock, Inc.; Pág. 14: © 2006 Rodolfo Arpia/ShutterStock, Inc.; Pág. 15: © 2006 Edgars Dubrovskis/ShutterStock, Inc.; Pág. 16 de izq. a der. y de arriba hacia abajo: © 2006 Scott Hampton, Radu Razvan, Monika Adamczyk y Artur Bogacki/ShutterStock, Inc.

En el estado líquido, la materia toma la forma del envase que lo contiene.

En el estado sólido, la materia tiene una forma definida.

¿Qué es líquido?
¿Qué es sólido?

3

La leche es un líquido.

La paleta es un sólido.

La limonada es un líquido.

El limón es un sólido.

El jugo es un líquido.

La naranja es un sólido.

9

El té es un líquido.

La hoja es un sólido.

La malteada es un líquido.

La fresa es un sólido.

El chocolate caliente es un líquido.

14

La barra de chocolate es un sólido.

Ahora observa las fotografías.
¿Qué es líquido?
¿Qué es sólido?